Omnia Hamid

Seroprevalência do parvovírus humano B19 em voluntários dadores de sangue

Omnia Hamid

Seroprevalência do parvovírus humano B19 em voluntários dadores de sangue

O objetivo do estudo é detetar anticorpos IgG parvovírus B19 entre os dadores de sangue do banco de sangue (STAC), Cartum, Sudão

ScienciaScripts

Imprint

Cover image: www.ingimage.com

This book is a translation from the original published under ISBN 978-620-2-30261-6.

Publisher:
Sciencia Scripts
is a trademark of
Dodo Books Indian Ocean Ltd. and OmniScriptum S.R.L publishing group

120 High Road, East Finchley, London, N2 9ED, United Kingdom
Str. Armeneasca 28/1, office 1, Chisinau MD-2012, Republic of Moldova, Europe
Managing Directors: Ieva Konstantinova, Victoria Ursu
info@omniscriptum.com

Printed at: see last page
ISBN: 978-620-8-54953-4

Declaro que o trabalho que apresentamos para avaliação não contém nenhuma secção copiada, no todo ou em parte, de qualquer outra fonte, exceto se explicitamente identificada entre aspas e com referências detalhadas, completas e precisas. **Apresentado pelo departamento de microbiologia do lote 5, Ciências do Laboratório Médico, Universidade Nacional do Sudão**

- Ayat Jamal Al-deen Adam
- Amasi Hassan Omer
- Fátima Ali Mohamed
- Fátima Hashim Hamed
- Haram Hussain Edrees
- Marwa Ahmed Al-sedig
- Romisa Hashim Ahmed
- Yoonis Ismail Mohammed

Resumo

Antecedentes:

O parvovírus humano B19 é uma infeção emergente transmitida por transfusão, embora a infeção por parvovírus B19 esteja associada a complicações graves em alguns receptores, o rastreio dos dadores ainda não é obrigatório.

Objetivo:

Determinar a prevalência de anticorpos IgG específicos para o parvovírus humano B19 entre os dadores de sangue voluntários do banco central de sangue do Estado de Cartum em 2017.

Sujeitos e métodos:

Foi testado um total de 180 amostras de sangue (soro) para deteção de anticorpos IgG específicos do parvovírus humano B19 em dadores de sangue do banco central de Cartum e por medida de título quantitativo ELISA.

Resultado:

Foram detectados anticorpos IgG específicos para o parvovírus humano B19 em 114/180 (63,3%), 34,4% negativos e 2,2% em linha fronteiriça de dadores de sangue sudaneses de diferentes grupos etários.

Conclusão:

Este estudo indicou que 63,3% dos dadores de sangue sudaneses no

Estado de Cartum, Sudão, tinham sido expostos ao parvovírus humano B19. Este resultado está de acordo com estudos anteriores realizados noutros países.

Agradecimentos

Agradecemos a Alá, que nos deu o conhecimento, e às pessoas que nos apoiaram ao longo desta dissertação para a conclusão do nosso curso; gostaríamos de expressar os meus mais profundos agradecimentos e apreço aos meus alunos e um agradecimento especial ao Sr. Mamoun pelo trabalho prático, e gostaríamos também de agradecer à Universidade Nacional do Sudão

Conteúdo

Lista de abreviaturas

immunoglobulin G	Ig G
immunoglobulin M	Ig M
Enzyme-linked immuosorbent assay	ELISA
Antibody	Ab
Antibody against parvovirus b19	anti-b19
	STAC
Hemoglobin	Hb
Negative	-ve
Positive	+ve

Abreviatura da equação da dimensão da amostra

Sample size to be calculated	n
STD normal deviation at 95% confidence level (1.96)	z
proportion in the target population	p
degree of accuracy (0.05)	d
STD error=1	DEEF
Standard deviation	STD
q=1-p	

Capítulo 1

1.1. Introdução:

Um espetro de agentes infecciosos do sangue é transmitido através da transfusão de sangue infetado doado por dadores de sangue aparentemente saudáveis e assintomáticos[1]. As recentes ameaças de doenças infecciosas emergentes incluem o Parvovírus B19 (B19V), há muito conhecido como o agente causador do *eritema infecioso* (quinta doença), não é um agente emergente recente. No entanto, merece discussão porque pode estar presente no sangue e em produtos plasmáticos, pode circular em títulos extraordinariamente elevados, pode infetar os receptores e, em alguns casos, pode causar doença grave[2]. No entanto, existe sempre um risco associado de reacções transfusionais devido à transmissão viral através de sangue contaminado[1], os seus efeitos patológicos potencialmente graves tornaram-se mais evidentes na última década com a utilização generalizada de medicamentos derivados do plasma (pooled) e são a principal razão para a relação desconfortável entre os especialistas em medicina transfusional e o B19V[3].

1.1.1. O vírus:

O eritroparvovírus 1 dos primatas, geralmente designado por vírus B19, parvovírus B19 ou, por vezes, eritrovírus B19, foi o primeiro (e até 2005 o único) vírus humano conhecido da família Parvoviridae, género Erythroparvovirus. O nome deriva do latim, parvum que significa pequeno, reflectindo o facto de o B19 se encontrar entre os mais pequenos vírus de ADN não envelopados descobertos em 1975 por Yvonne Cossart no sangue de um dador de sangue saudável[4]. De facto, os parvovírus estão entre os vírus mais pequenos conhecidos, com um diâmetro de virião de 18-26 nm[5]. A sua estrutura é simples: o virião icosaédrico é constituído apenas por proteínas e por um genoma de ADN linear de cadeia simples (comprimento 5-6 kb) com estruturas em forma de grampo em ambas as extremidades. Os hairpins são palindrómicos e a extremidade 3'pode dobrar-se e funcionar como um primer durante a replicação viral[5] (Figura 1).

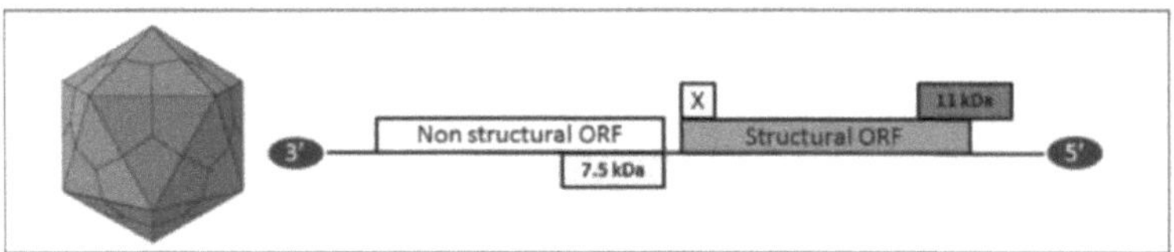

Figura 1: Representação esquemática do virião icosaédrico do Parvovírus B19 e da estrutura do genoma. ORF: quadro de leitura aberta; kDa: quiloDaltons; X: Região X.

Foram identificados três genótipos de B19V com base em isolados com uma divergência de nucleótidos superior a 10%. O genótipo 1 é o tipo mais prevalente que circula atualmente em todo o mundo e é o protótipo do B19V[6]. Substituiu largamente os vírus do genótipo 2, que eram comuns na

Europa há meio século[7] e, por isso, tem sido encontrado esporadicamente em doações de plasma da Europa e da América do Norte[8]. O genótipo 3 foi encontrado predominantemente em África Ocidental (Gana), o que implica uma história evolutiva diferente e mais longa, provavelmente com raízes em África[9]. Curiosamente, estudos recentes encontraram o genótipo 3 do B19V em amostras da Europa, da Ásia e do Brasil, levantando assim a questão de este genótipo poder estar mais amplamente distribuído fora de África do que se pensava anteriormente[10].

No seu ciclo de infeção, o vírus liga-se a um recetor específico na superfície das células hospedeiras (ou seja, o antigénio do grupo sanguíneo P globoside-4 [Gb4] no caso do B19V humano) e é transportado para o interior da célula por endocitose. No interior da célula hospedeira, o virião é transportado para o núcleo, onde tem lugar a sua replicação. Os parvovírus não codificam a sua própria ADN-polimerase e, por conseguinte, dependem da polimerase da célula hospedeira e da fase S das células em divisão[5]. O Gb4 é também responsável pelo fenómeno de hemaglutinação do B19V[11]. Os indivíduos que não possuem o antigénio do grupo sanguíneo P nas suas células eritróides não são, portanto, susceptíveis à infeção pelo B19V20. O recetor do B19V está também presente nas plaquetas, nas células cardíacas, sinoviais, renais e da tiroide, bem como nos progenitores hepáticos[12].

1.1.2. **Marcadores da infeção pelo Parvovírus B19**

A viremia do B19V ocorre 1 semana após a exposição e dura

normalmente cerca de 5 dias, com os títulos do vírus a atingirem o pico nos primeiros 2 dias. Os anticorpos IgM contra o B19V são detectados tardiamente na fase virémica. Surgem 10 a 14 dias após a infeção e podem persistir até 5 meses, mas, em alguns doentes, podem durar ainda mais tempo[13]. Os anticorpos IgG específicos são detectáveis cerca de 15 dias após a infeção, permanecem elevados durante vários meses e persistem a longo prazo[14]. Existem diferentes padrões epidemiológicos de infeção; a seroprevalência do B19VIgG varia muito, desde aproximadamente 30% a 40% nos adolescentes, 40% a 60% nos adultos e mais de 85% nas populações idosas[14].

Os anticorpos IgG neutralizantes aparecem geralmente cerca de 2 semanas após a infeção e persistem durante toda a vida.

1.1.3. **Caraterísticas clínicas e terapêuticas**

Muitos indivíduos infectados com o B19V são assintomáticos (cerca de 25% dos adultos e 50% das crianças durante um surto) ou manifestam sintomas ligeiros, inespecíficos, semelhantes aos da constipação, que nunca são associados ao vírus[15].

A maioria dos doentes com infeção por B19V não necessita de testes laboratoriais ou de terapêutica, uma vez que os sintomas são ligeiros e a doença desaparece ao fim de 5-7 dias. O padrão da doença clínica é fortemente influenciado pelo estado hematológico e imunológico do hospedeiro[16]. A infeção pelo B19V pode ter um desfecho clínico grave em três categorias de receptores susceptíveis:

(i) doentes com sobrevivência reduzida de glóbulos vermelhos (por exemplo, doentes com talassemia major, doença falciforme ou outras doenças hemolíticas)

(ii) doentes imunocomprometidos (quer tenham ou não sido previamente expostos ao B19V)

(iii) Mulheres grávidas.

A manifestação clínica mais comum nos adultos, a poliartrite caracterizada por artralgia simétrica súbita, é mais comum do que a erupção cutânea. Alguns doentes podem apresentar anemia aguda, mas aqueles com doenças hemolíticas subjacentes podem desenvolver uma crise aplástica transitória[17]. A infeção persistente pelo B19V também pode causar anemia grave. Os doentes com infeção pelo vírus da imunodeficiência humana (VIH) também podem desenvolver aplasia pura dos glóbulos vermelhos devido à infeção pelo B19V; nestes doentes, os títulos de B19V podem atingir 1012 cópias/mL.

Durante a gravidez (semanas 9 a 20), a infeção pelo B19V está associada a uma incidência de aproximadamente 10% de perda fetal, que é rara após a 20ª semana. A infeção do tecido cardíaco do feto pelo B19V pode provocar miocardite e insuficiência cardíaca, o que pode resultar em hidropisia fetal, anomalias neurológicas do feto ou anemia congénita. Outras complicações associadas à infeção pelo B19V incluem a encefalopatia, a epilepsia, a meningite, a miocardite, a cardiomiopatia dilatada e a hepatite autoimune[18].

1.1.4. Transmissão do vírus e segurança dos produtos sanguíneos

O B19V humano circula em todo o mundo, é ligeiramente contagioso e pode ocorrer esporadicamente ou em epidemias. Em climas temperados, as manifestações epidémicas ocorrem mais frequentemente no final do inverno, na primavera ou no início do verão[16]. O B19V é transmitido principalmente pela via respiratória e o seu ADN está contido nas secreções respiratórias na altura da viremia, quando a infecciosidade é mais elevada[19]. A transmissão em casa, na creche e na escola é comum, embora o vírus também possa ser transmitido verticalmente[20] e através de transfusão de sangue e transplante de órgãos/medula óssea[7].

O risco de transmissão vertical varia entre 33% e 51% após a infeção aguda de mulheres grávidas, com resultados fetais adversos registados em 3% a 12% dos casos[20]. A transmissão iatrogénica do B19V através de produtos sanguíneos é possível, uma vez que ocorre regularmente uma viremia de alto nível durante a infeção primária e são frequentemente encontrados mais de 1012 geq/mL no sangue de indivíduos assintomáticos durante a fase inicial da infeção aguda[21]. Embora tenha havido muito poucos relatos de infeção pelo B19V clinicamente relevante resultante da transfusão de um componente sanguíneo contendo o vírus, o B19V é um contaminante frequente das doações de sangue e plasma e tem sido transmitido por medicamentos derivados do plasma[22].

1.1.5. O diagnóstico:

- A serologia do parvovírus (anticorpos anti-B19V de imunoglobulina [Ig] M e IgG) pode ser determinada através de um ensaio de imunoabsorção enzimática (ELISA), radioimunoensaio, quimioluminescência ou imunofluorescência.[(23)] Os resultados dos testes IgM são particularmente difíceis de interpretar. Não existe uma normalização entre laboratórios. Mesmo num único laboratório, a sensibilidade e a especificidade são parcialmente determinadas pelas competências do operador. A viremia de alto nível em pessoas infectadas de forma aguda pode causar complexos vírus-anticorpo, o que resultará num resultado falso-negativo do teste IgM[24]. A viremia do B19V ocorre 1 semana após a exposição e dura normalmente cerca de 5 dias, com um pico de títulos virais nos primeiros 2 dias. Os anticorpos IgM contra o B19V são detectados tardiamente na fase virémica. Aparecem 10 a 14 dias após a infeção e podem persistir até 5 meses, mas, em alguns doentes, podem durar ainda mais tempo. Os anticorpos IgG específicos são detectáveis cerca de 15 dias após a infeção, mantêm-se elevados durante vários meses e persistem a longo prazo25

- A análise da reação em cadeia da polimerase (PCR) do B19V ou um ensaio alternativo de tecnologia de amplificação de ácidos nucleicos (NAT) (por exemplo, amplificação mediada por transcrição) pode ser uma melhor ferramenta de diagnóstico, uma vez que os títulos virais podem atingir mais de 1012 equivalentes de genoma (geq) por ml durante a infeção aguda pelo B19V. Por outro lado, na infeção crónica pelo B19V, o ADN viral pode persistir no hospedeiro sem a presença de IgM ou IgG do B19V. No hospedeiro imunocompetente, o ADN viral é detetável durante pelo menos um mês após a infeção, mas pode persistir ainda mais tempo em níveis baixos[25]. Por conseguinte, o ADN do B19V, detectado por análise qualitativa por PCR, nem sempre é indicativo de uma infeção recente[23].

- A identificação dos genótipos 2 e 3 do B19V é preocupante; muitos métodos de PCR comerciais e internos revelaram uma sensibilidade inferior ou incapacidade de detetar um ou ambos os genótipos[8].

1.1.6. Terapia:

Não existem medicamentos antivirais específicos ou vacinas contra a infeção pelo parvovírus humano. A anemia aplástica pode ser tratada através de terapêutica com imunoglobulina intravenosa, eventualmente repetida em infecções crónicas e persistentes[23], ou transfusão de glóbulos vermelhos, quando necessário[26]. Por outro lado, em doentes imunocompetentes, o tratamento é desnecessário e as infecções são auto-limpas.

1.2. revisão da literatura

Satish Kumar et.al no Armed Forces Medical College, Pune (2013); Foram analisadas 1633 amostras para deteção de anticorpos no soro humano contra o parvovírus B19. A população predominante era do sexo masculino, tanto nas doações voluntárias como nas de substituição. As 540 amostras iniciais foram analisadas para deteção de anticorpos das classes IgM e IgG e as restantes 1093 amostras foram analisadas apenas para deteção de anticorpos da classe IgM. Nas primeiras 540 amostras, 151 amostras (27,9%) foram rastreadas como positivas para anticorpos da classe IgG. A prevalência de anticorpos IgG foi de 27,96% (151 amostras foram positivas em 540 testadas) [27].

Ou SH et,al em 2016 em Dadores de Sangue da Área Chinesa de Xiamen; As amostras de sangue de dadores de sangue foram testadas para deteção de ADN e anticorpos do parvovírus B19. Foi efectuada a sequenciação direta e a análise do tipo de gene das amostras positivas de ADN B19. Seis das 10452 amostras eram positivas para o ADN do B19. As cargas virais das 6 amostras situavam-se entre $3{,}59\times10^{2}$-$1{,}07\times10^{4}$ UI/ml; a taxa de positividade do B19-IgG foi de 16,79% (181/1078). A taxa de positividade do B19-IgG aumentou com a idade e não foi relacionada com o sexo[28].

Candotti D et.al em 2014; foi analisada a presença de ADN do eritrovírus humano em 2 440 dádivas de sangue do Reino Unido e da África subsariana (Gana, Malawi e África do Sul). Os ensaios qualitativos sensíveis e os ensaios de PCR quantitativa em tempo real revelaram uma prevalência mais elevada de infeção persistente com a presença simultânea de Ig G e

ADN viral (0,55 a 1,3%) do que a relatada anteriormente. Esta condição foi caracterizada por uma carga viral baixa (mediana, 558 UI/ml; intervalo, 42 a 135.000 UI/ml), vírus complexado com anticorpos, IgG específica livre e vírus livre potencialmente infecioso. O genótipo 1 do eritrovírus humano (anteriormente parvovírus B19) foi prevalente no Reino Unido, no Malavi e na África do Sul. Em contrapartida, apenas o genótipo 3 do eritrovírus humano (variante V9 do eritrovírus) era prevalente no Gana. O genótipo 3 apresentava uma diversidade genética considerável, agrupando-se em dois subtipos prováveis. Os ensaios de anticorpos baseados no genótipo 1 não conseguiram detetar 38,5% das amostras ganesas que continham anticorpos para o vírus do genótipo 3, mas não deixaram de detetar casos de infeção persistente. Este estudo indica uma potencial origem africana do eritrovírus humano do genótipo 3 e deficiências consideráveis nos instrumentos atualmente utilizados para diagnosticar a infeção por eritrovírus[29].

Kishore J no norte da Índia em 2010; foram analisados anticorpos Ig G anti-B19 em soros (diluídos 1:400) de 1000 dadores de sangue voluntários saudáveis (18-60 anos; média de 30,5 anos) e documentados os seus dados epidemiológicos. Um total de 399 (39,9%) dadores eram seropositivos para o vírus B19. A seroprevalência foi mais elevada no sexo masculino do que no feminino (44% vs 27%) e aumentou com o aumento da idade (P<0,01). Em termos socioeconómicos, a positividade do anticorpo B19 IgG foi de 61,8%, 61,1% e 44,4% nos grupos de rendimento baixo, médio e alto, respetivamente, tendo os trabalhadores não qualificados uma seroprevalência mais elevada nos grupos de rendimento baixo (48,5%) e médio (58,7%) ($P<0,05$). As condições de habitação revelaram uma seroprevalência de B19 de 42,6% em dadores que vivem em casas pequenas, em comparação com 20,4% em casas maiores ($P<0,01$), mas sem diferença em relação à religião[30].

Al-Danani D no Egito e yamen 2008; relatam que a seropositividade global do parvovírus b19 Ig G em aden e alexandria foi 46/100 (46%) ,26/100 (26%) respetivamente.a seropositividade de igg em diferentes grupos etários (18~30 anos,31~40 anos e 41 ~ 55 anos) foi 31,13 e 2 respetivamente para dadores de sangue iemenitas mas foi [17,4] ,e 5 para dadores de sangue egípcios respetivamente (tabela 1) .A relação entre o título de IgG anti-b19v e o grupo etário dos 41 aos 55 anos para os dadores de sangue iemenitas e egípcios foi (teste de Mann-Whitney, $p<0,0001$) estatisticamente significativa. ($p<0,05$), mas não houve significância estatística nos outros grupos etários[36].

Ayman K. Johargy em Makkah; de 578 dadores de sangue sauditas testados para a presença de anticorpos IgG específicos do B19V, 441 (76,3%) foram considerados positivos, indicando exposição prévia ao B19V. A prevalência de anticorpos IgG específicos do B19V aumentou com a idade: a prevalência mais baixa (68%) foi detectada em dadores de sangue com menos de 20 anos de idade, atingindo (82,6%) em aqueles com 50 anos ou mais, mas esta diferença não foi estatisticamente significativa (p-value = 0,3)[39].

1.3.Objetivo

1.3-1. Objetivo geral

Estudar a seroprevalência do Parvovírus B19 entre os dadores de sangue que frequentam o banco de sangue central (STAC) no estado de Cartum em 2017, Sudão.

1.3-2. Objetivo específico:

1.3-2.1. Detetar anticorpos contra o parvovírus (IgG anti-b19) em soros de dadores de sangue utilizando a técnica ELISA.

1.3-2.2. Estabelecer uma correlação entre a presença de IgG antiparvovírus b19 e alguns factores de risco (idade, sexo, grupo sanguíneo e residência).

1.4 Justificação:

A transmissão do parvovírus humano B19 (PV B19) por transfusão de sangue e produtos sanguíneos está bem documentada. Embora a infeção pelo PV B19 esteja associada a complicações graves em alguns receptores, sobretudo em doentes imunocomprometidos, o rastreio dos dadores ainda não é obrigatório em Cartum (Sudão). Neste estudo, a prevalência do parvovírus B19 em dadores de sangue saudáveis será detectada por ELISA.

Capítulo 2

2. Materiais e métodos

Neste estudo, foi analisado um total de 180 amostras de anticorpos da classe Ig G (Serion classic ELISA Ig G) no soro humano contra o parvovírus B19 durante o período de dezembro de 2016 a fevereiro de 2017 de dadores de sangue que frequentaram o Banco Central de Sangue no Estado de Cartum.

2.1. **Conceção da investigação (estudo):**

Estudo analítico, transversal (teste serológico) de base laboratorial.

2.2. **Fontes de dados:**

Os dados do inquérito; para rastrear a seroprevalência do parvovírus b19 Ig G entre os dadores de sangue foram obtidos do Banco Central de Sangue e a análise serológica foi efectuada nos laboratórios da NUSU

2.3. Técnicas de recolha de dados:

Incluir ambos os questionários através de entrevista direta com dadores de sangue saudáveis e as amostras de sangue foram obtidas no laboratório do banco de sangue.

2.4. **Técnicas de amostragem:**

Foram recolhidas amostras de sangue de dadores saudáveis e foi preenchido um questionário de entrevista direta para determinar os dados demográficos dos participantes.

2.5. Dimensão da amostra:

A amostra de sangue foi obtida utilizando a equação da dimensão da amostra = 47% da dimensão total das amostras, de acordo com a equação da amostra que deu uma dimensão de 180 amostras devido a limitações de tempo e de orçamento.

$$n = \frac{z2pq(DEEF)}{d2} = 384$$

2.6. Critérios de inclusão:

- Ambos os sexos
- Idade entre 18 e 60 anos
- Peso corporal >50 kg
- Hb >12,5g/dl
- Tensão arterial normal
- Temperaturas normais do corpo

2.7. Critérios de exclusão:

- Qualquer história de doença crónica
- Qualquer história de doença do sistema imunitário
- Mulher grávida
- Idade <18 e >60 anos

- Peso corporal <50 kg

2.8. Análise e interpretação dos dados:

As amostras de sangue foram colhidas em recipientes simples e, em seguida, as amostras de soro foram obtidas por centrifugação do sangue. Os soros foram mantidos a -20°C até serem analisados por ELISA. O procedimento para efetuar o teste ELISA foi seguido tal como mencionado pelos kits do fabricante (Euroimmun-EI 2580-9601 G):

Foram utilizados dois controlos negativos, dois controlos positivos e dois calibradores. Aplicou-se 0,01 ml de cada amostra de soro num poço separado da microplaca utilizando uma pipeta automática. O conjugado foi suplementado em cada alvéolo da microplaca e a placa foi incubada a 37°C durante 30 minutos para a formação do complexo Ag-Abs. Após o período de incubação, a microplaca foi lavada três vezes para remover os Abs não combinados. Aplicou-se 0,01 ml de substrato reconstituído na microplaca e incubou-se a 22°C durante 15 minutos. Finalmente, adicionou-se 0,01 ml de solução de paragem a cada poço da microplaca.

Cálculo dos resultados:

A densidade ótica (DO) da microplaca foi obtida a 450 nm. A presença ou ausência de anticorpos contra o parvovírus B19 foi determinada através do cálculo de um rácio entre o valor de extinção da amostra de controlo ou da amostra do doente e o valor de extinção do calibrador dois.

Calcular o rácio de acordo com a seguinte fórmula:

$$\frac{extinction\ \ of\ \ the\ \ control\ \ or\ \ patient\ \ sample}{extiction\ \ of\ \ caliblator\ \ 2} = Ratio$$

Cálculo ELISA: Resultados avaliados semiquantitativamente através do cálculo de uma razão entre o valor de extinção da amostra de controlo ou do doente e o valor de extinção do calibrador 3, sendo a ação calculada de acordo com a seguinte fórmula

Interpretar os resultados da seguinte forma: Rácio <0,8 = título negativo, Rácio >ou = 1,1= título positivo e Rácio >0,8 ou <1,1= título limite

Os questionários foram analisados para detetar a correlação entre o estado de transporte e os dados demográficos. Todos os dados incluídos no questionário foram analisados pelo programa SPSS (Statistical Package for Social Sciences) versão 21

2.9. Considerações éticas:

Foram obtidos junto do supervisor de investigação, do departamento de microbiologia e do diretor de ciências de laboratório médico da Universidade Nacional do Sudão, do departamento principal do banco central de sangue e de dadores voluntários de sangue.

Capítulo 3

3. Resultado

3.1. Relatório de resultados:

- Um total de 180 amostras foram analisadas para deteção de anticorpos (Ig G) no soro humano contra o parvovírus B19, em dadores de sangue saudáveis em março de 2017.
- No nosso estudo, a população predominante era do sexo masculino, 99,4% (179/180), e 0,6% do sexo feminino (1/180) do total das amostras de dádivas voluntárias [quadro 3.2-1].
- Em 180 amostras de soro que foram analisadas apenas para anticorpos da classe Ig G, a seroprevalência de anticorpos Ig G para o parvovírus humano B19 no nosso estudo foi de 63,3% (114 amostras foram positivas em 180 testadas) [figura 3.2-1].
- A distribuição das diferentes idades entre os dadores de sangue suspeitos de serem portadores do parvovírus B19 no banco de sangue central de Cartum revelou que a prevalência mais elevada se verificava no grupo etário (29-38) com 43,9%, seguido de 42,1% no grupo etário (18-28) com 2,6% e a prevalência mais baixa no grupo etário (>49) com 2,6%, como se pode ver na [tabela 3.22].
- De acordo com o grupo sanguíneo do dador de sangue com parvovírus B19 Ig G no banco central de sangue de Cartum, a prevalência mais

elevada entre os dadores do grupo sanguíneo A+ve foi de 33,3% e a menor previne entre os dadores do grupo sanguíneo O-ve e A-ve com 1,1% cada. A tabela 3.2-3 mostra-o.

- De acordo com a área de residência do dador de sangue voluntário com parvovírus Ig G parvovírus B19 no banco de sangue central de Cartum, a prevalência mais elevada é registada em Omdurman (37%), seguida de 28,9% em Cartum, não sendo prevalente em Alshmalia, Portsudan e Aldamer [quadro 3.2-4].

3.2. Quadros e figuras de resultados:

Tabela (3.2-1): mostra a distribuição do género das dádivas que foram submetidas ao rastreio de IgG entre os dadores de sangue suspeitos de terem o parvovírus B19:

Donation gender	Number	(Ig G) Parvovirus B 19		
		Positive	Negative	Border line
Male	179	114	61	4
Female	1	-	1	-
Total	180 (100%)	114 (63.3%)	62 (34.4%)	4 (2.2%)

* P exato de Fischer <.0001, odds ratio = 179(24.8-1291.65%).

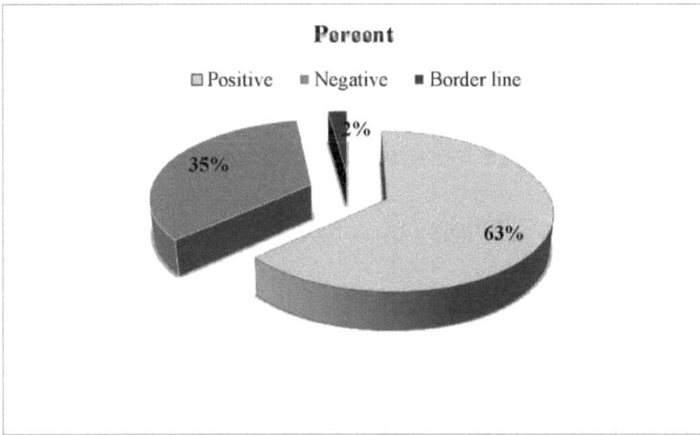

Figura (3.2-1): mostra a parentagem da seroprevalência positiva e negativa do parvovírus b19 Ig G entre amostras de dadores de sangue

Tabela (3.2-2): mostra a distribuição de diferentes grupos etários entre os dadores de sangue com o título Ig G do parvovírus B19 no banco central de sangue de Cartum:

Age group	Number and frequency			Total
	Positive	Negative	Border line	
18-28	48 (42.1%)	24(38.7%)	2 (50.0%)	74 (41.2%)
29-38	50 (43.9%)	31(50.0%)	2 (50.0%)	83 (46.2%)
39-48	13(11.4%)	7 (11.3%)	-	20 (11.2%)
>49	3(2.6%)	-	-	3 (1.4%)
Total	114 (63.3%)	62 (34.4%)	4 (2.2%)	180 (100%)

* Pearson Chi-Square7,019[a], p <.856

* a. 15 células (71,4%) têm uma contagem esperada inferior a 5. A contagem mínima esperada é 0,02.

Tabela (3.2-3): mostra a distribuição dos diferentes grupos sanguíneos entre os dadores de sangue com o título Ig G do parvovírus B19 no banco central de sangue de Cartum:

Blood group	Number and frequency			Total
	Positive	Negative	border line	
O+ve	51 (44.7%)	26 (41.9%)	2 (50.0%)	79 (43.9)
A+ve	39 (34.2%)	20 (32.3%)	1 (25.0%)	60 (33.3%)
A-ve	1 (0.88%)	1 (1.6%)	-	2 (1.1%)
B+ve	14 (12.2%)	12 (19.3%)	1 (25.0%)	27 (15.0%)
AB+ve	7 (6.1%)	3 (4.8%)	-	10 (5.6%)
O-ve	2 (1.8%)	-	-	2 (1.1%)
Total	114 (63.3%)	62 (34.4%)	4 (2.2%)	180 (100.0%)

*Qui-quadrado de Pearson3,599[a], P=.964

*a. 11 células (61,1%) têm uma contagem esperada inferior a 5. A contagem mínima esperada é 0,04.

Tabela (3.2-4): mostra a distribuição dos dadores de sangue com o título Ig G do parvovírus B19 no banco central de sangue de Cartum, de acordo com a área de residência:

Resident area	Number and frequency			Total
	Positive	Negative	border line	
Omdurman	44 (38.6%)	23 (37.1%)	-	67 (37.2%)
Khartoum	33(28.9%)	14 (22.6%)	1 (25.5%)	48 (26.7%)
Bahri	21(18.4%)	13 (20.9%)	2 (50.0%)	36 (20.0%)
Al-jazeera	4(3.5%)	6 (9.7%)	-	10 (5.5%)
Aljabal	2 (1.7)	1 (1.6)	-	3 (1.6%)
Algadarf	2 (1.7%)	-	-	2 (1.1%)
AL-Dinder	1 (0.88%)	-	-	1 (0.55%)
AL-Nohod	1 (0.88%)	-	-	1 (0.55%)
Al-Fashir	1 (0.88%)	-	-	1 (0.55%)
AL-Shmalea	-	1 (1.6)	-	1 (0.55%)
Aldamer	-	1 (1.6)	-	1 (0.55%)
Atbra	1 (0.88%)	-	-	1 (0.55%)
Bargawi	-	1 (1.6)	-	1 (0.55%)
Butri	1 (0.88%)	-	-	1 (0.55%)
Hlfa aljadeda	-	-	1 (25.0%)	1 (0.55%)
Portsudan	-	1 (1.6)	-	1 (0.55%)
Rabk	1 (0.88%)	2 (3.2)	-	3 (1.67%)
Singa	1 (0.88%)	-	-	1 (0.55%)
White nile	1 (0.88%)	-	-	1 (0.55%)
Total	114 (63.3%)	62 (34.4%)	4 (2.2%)	180 (100%)

*Qui-quadrado de Pearson73,258[a,], P=.006

*a. 63 células (87,5%) têm uma contagem esperada inferior a 5. A contagem esperada mínima em é .02.

Capítulo 4

4.1.Discussão

As infecções pelo parvovírus B19 são bastante comuns em indivíduos saudáveis; o curso da infeção é geralmente indolente. As infecções por B19 podem resultar em complicações graves em determinadas populações de alto risco, mas, no entanto, o rastreio dos dadores não é obrigatório. Devido à natureza epidémica da circulação do B19V e ao seu potencial como causa de doenças graves, o interesse pela seroprevalência do B19V tem aumentado em todo o mundo

As tentativas actuais, utilizando testes de rastreio sensíveis, para melhorar a segurança do sangue centram-se inteiramente na eliminação do risco de transmissão de agentes infecciosos. Para além da via respiratória primária de transmissão, a transmissão adquirida no hospital pode ocorrer entre membros da família, de doente para doente e de doente para profissionais de saúde[31]. Estes resultados levaram à hipótese de que a B19 também pode ter sido transmitida durante alguns anos através da administração de produtos sanguíneos a doentes susceptíveis[32].

A crescente evidência da persistência a longo prazo da B19 na circulação e nos tecidos não só de indivíduos imunocomprometidos, mas também de indivíduos imunocompetentes, constitui uma preocupação potencial para a segurança do sangue.

A seroprevalência do B19V nos países desenvolvidos é de 2-10% em crianças com menos de 5 anos, 40-60% em adultos com mais de 20 anos, 60% em dadores de sangue e 85% ou mais em pessoas com mais de 70 anos[33]. O B19V é reconhecido como um dos principais contaminantes do sangue e dos produtos sanguíneos[34]. Além disso, como o vírus é resistente a diferentes métodos de inativação, a maioria dos produtos sanguíneos finais que contêm ADN do B19V são potencialmente infecciosos[35].

O objetivo deste estudo foi medir a seroprevalência do anticorpo IgG específico para o B19V em dadores de sangue sudaneses no banco central de sangue de Cartum.

Das amostras de soro de 180 dadores de sangue testadas no nosso estudo, 63,3% eram positivas para o anticorpo IgG específico para o B19V; esta prevalência foi baixa quando comparada com a seroprevalência do anticorpo IgG específico para o B19V em dadores de sangue na Bélgica[37] (74%), em Meca[39] (76.3%) e Itália[38] (79,1%), e foi superior à seroprevalência de anticorpos IgG específicos do B19V registada em dadores de sangue na China[28] (16,79%), Egito[36] (26%), Pune[27] (27,96%), Índia[30] (39,97%) e Iémen[36] (46%).

Existe uma relação significativa entre a prevalência de anticorpos IgG específicos para o B19V e o sexo, com um valor de p <0,0001. A taxa de prevalência mais elevada (63,3%) foi registada no grupo masculino e a percentagem mais baixa foi registada no grupo feminino, devido ao facto de apenas uma mulher ter sido incluída no nosso estudo na altura da investigação.

No nosso estudo, a taxa de prevalência mais elevada de anticorpos IgG específicos para o B19V (43,9% e 42,1%) foi registada no grupo etário (29-38) e (18-28) anos de idade, respetivamente, e a taxa de prevalência positiva mais baixa para os anticorpos IgG específicos para o B19V no grupo etário >50 anos de idade foi de (2,6%), este resultado está de acordo com o registado por Alla.o4[1] no laboratório nacional de Cartum em 2016, a taxa de prevalência mais elevada (66.7%) pertence ao grupo etário com menos de 40 anos e menos prevalente com mais de 40 anos (42,1%), sem relação significativa entre a idade e a taxa de anticorpos IgG específicos para o B19V (o valor de p foi <0,856), o que discorda de Abraham M[39] e Ayman K. Johargy[40] que descobriram que a seroprevalência de anticorpos IgG para o B19V é conhecida por ser dependente da idade.

No nosso estudo, não existe uma relação significativa entre o grupo sanguíneo do dador e a taxa de anticorpos IgG específicos para o B19V (o valor de p foi <0,964) no banco central de sangue de Cartum, que mostra que a maior prevalência entre os dadores do grupo sanguíneo A+ve foi de 33,3% e a menor prevenção entre os dadores do grupo sanguíneo O-ve e A-ve, com 1,1% cada

O estudo demonstrou que a prevalência de anticorpos IgG específicos para o B19V era elevada em Omdurman (37%), seguida de 28,9% em Cartum e não era prevalente em Alshmalia, Portsudan e Aldamer. Este resultado está de acordo com o resultado relatado por Alla.O[41] em 2016 no laboratório nacional de Cartum (62,2%) do estado de Cartum e (37,8%) de outros estados do Sudão.

4.2.Conclusão

A seroprevalência de anticorpos IgG específicos para o parvovírus humano B19 entre a população de dadores de sangue no Banco Central de Sangue (STAC), no Estado de Cartum, Sudão, aumentou com a idade de 18-38 anos e representa um risco de transfusão adverso, especialmente no grupo de alto risco de doentes que não têm anticorpos detectáveis para o B19. No entanto, recomenda-se a realização de mais estudos sobre a prevalência e o padrão epidemiológico do B19V em diferentes cidades do Sudão, com amostras de grandes dimensões, para validar estes resultados.

A abordagem do grupo de alto risco, que inclui as mulheres grávidas, as gravidezes isoimunizadas Rh que requerem transfusão intra-uterina, os doentes com anemia hemolítica congénita ou adquirida e os doentes com imunodeficiência celular que não têm anticorpos detectáveis contra a B19, deve receber produtos sanguíneos testados. Este facto poderia constituir uma opção de escolha e, através deste estudo, melhorar a segurança do sangue.

4.3.Recomendação

O nosso estudo foi efectuado num grupo relativamente pequeno de dadores de sangue devido ao curto período de investigação. Recomenda-se a realização de mais estudos de maior dimensão com um grande número de dadores de sangue em diferentes locais e províncias do Sudão para se obter uma melhor visão geral

- Os produtos sanguíneos celulares seguros, tal como recomendado no presente estudo, devem ser administrados a todos os doentes do grupo de alto risco.

- Os médicos devem distinguir entre os doentes para os quais uma infeção por B19 representa um risco para a saúde e os doentes para os quais essas infecções não representam problemas graves.

- Os doentes que não pertençam aos grupos de alto risco devem continuar a receber produtos sanguíneos que tenham sido produzidos de acordo com os critérios de segurança actuais.

- As unidades devem ser rastreadas para o parvovírus B19 utilizando o teste ELISA IgM e podem ser complementadas através de métodos sensíveis de teste de ácidos nucleicos, como a PCR em tempo real.

- Os desenvolvimentos técnicos podem produzir métodos mais diretos para tornar os produtos sanguíneos seguros em relação ao vírus B19, como a inativação de microrganismos e a utilização de nanofiltração (em produtos plasmáticos) para reduzir o número de partículas virais no produto final.

Referências

1. Giuseppe Marano1, et.alParvovírus humano B19 e segurança dos produtos sanguíneos: uma história de vinte anos de melhorias *Blood Transfus* DOI 10.2450/2014.0174-14
2. Dodd RY. B19: benigno ou não? Transfusion 2011; **51**: 1878-9.
3. Alter HJ, Stramer SL, Dodd RY. Emerging infectious diseases that threaten the blood supply (Doenças infecciosas emergentes que ameaçam o fornecimento de sangue). Semin Hematol 2007; **44**: 32-41.
4. Cossart YE, Field AM, Cant B, Widdows D. Partículas semelhantes a parvovírus em soros humanos. Lancet 1975; **1**: 72-3.
5. Norja P, Lassila R, Makris M. Parvovirus transmission by blood products - a cause for concern? B J Haematol 2012; **159**: 385-93.
6. Blumel J, Burger R, Drosten C, et al. Parvovírus B19 - revisto. Transfus Med Hemother 2010; **37**: 339-50.
7. Koppelman MH, Rood IG, Fryer JF, et al. Parvovirus B19 genotype 1 and 2 detection with real-time polymerase chain reaction assays. Vox Sang 2007; **93**: 208-15.
8. Baylis SA. Normalização de ensaios baseados na técnica de amplificação de ácidos nucleicos (NAT) para diferentes genótipos de parvovírus B19: resumo da reunião. Vox Sang 2008; **94**: 74-80.
9. Candotti D, Etiz N, Parsyan A, Allain JP. Identificação e caraterização

da infeção persistente por eritrovírus humano em amostras de dadores de sangue. J Virol 2004; **78**: 12169-78.

10. Hubschen JM, Mihneva Z, Mentis AF, et al. Phylogenetic analysis of human parvovirus B19 sequences from eleven different countries confirms the predominance of genotype 1 and suggests the spread of genotype 3b. J Clin Microbiol 2009; **47**: 3735-8.
11. Weigel-Kelley KA, Yoder MC, Srivastava A. Recombinant human parvovirus B19 vectors: erythrocyte P antigen is necessary but not sufficient for successful transduction of human hematopoietic cells. J Virol 2001; **75**: 41106.
12. Grazzini G, Liumbruno GM, Pupella S, et al. West Nile virus in Italy: a further threat to blood safety, a further challenge to the blood system. Blood Transfus 2008; **6**: 235-7.
13. Corcoran A, Doyle S. Advances in the biology, diagnosis and host-pathogen interactions of parvovirus B19. J Med Microbiol 2004; **53**: 459-75.
14. Kuhl U, Pauschinger M, Noutsias M, et al. Elevada prevalência de genomas virais e de infecções virais múltiplas no miocárdio de adultos com disfunção ventricular esquerda "idiopática". Circulation 2005; **111**: 887-93.
15. Van Beers-Tas MH, Heidema J. Patogénese das infecções por parvovírus em crianças. Virol Mycol 2013; 2: 1.

16. Heegaard ED, Brown KE. Human parvovirus B19. ClinMicrobiol Rev 2002; 15: 485-505.

17. Exindari M, Chatzidimitriou D, Melidou A, et al. Epidemiological and clinical characteristics of human parvovirus B19 infections during 2006-2009 in Northern Greece. Hippokratia 2011; 15: 157-60.

18. Servey JT, Reamy BV, Hodge J. Clinical presentations of parvovirus B19 infection. Am Fam Physician 2007; **75**: 373-7.

19. Brown KE. A expansão da gama de parvovírus que infectam os seres humanos. Rev Med Virol 2010; **20**: 231-44.

20. Puccetti C, Contoli M, Bonvicini F, et al. Parvovirus B19 in pregnancy: possible consequences of vertical transmission. Prenatal Diagnosis 2012; **32**: 897-902.

21. Siegl G, Cassinotti P. Presence and significance of parvovirus B19 in blood and blood products. Biologicals 1998; **26**: 89-94

22. Satake M, Hoshi Y, Taira R, et al. Infeção sintomática por parvovírus B19 causada por transfusão de componentes sanguíneos. Transfusion 2011; **51**: 1887-95.

23. Corcoran A, Doyle S. Advances in the biology, diagnosis and host-pathogen interactions of parvovirus B19. J Med Microbiol 2004; **53**: 459-75.

24. Bredl S, Plentz A, Wenzel JJ, Pfister H, Most J, Modrow S. False-negative serology in patients with acute parvovirus B19 infection. *J*

Clin Virol. 2011 Jun. 51(2):115-20.

25. Cassinotti P, Siegl, G. Quantitative evidence for persistence of human parvovirus B19 DNA in an immunocompetent individual. Eur J Clin Microbiol Infect Dis 2000; **19**: 886-7
26. Liumbruno GM, Bennardello F, Lattanzio A, et al. Recommendations for the transfusion of red blood cells. Blood Transfus 2009; **7**: 49-64.
27. Satish Kumar, R.M. Gupta, Sourav Sen, R.S. Sarkar, J. Philip, Atul Kotwal, e S.H. Sumathi. (2012) Seroprevalência do parvovírus humano B19 em dadores de sangue saudáveis, Med J Armed Forces India. 2013 69(3): 268-272.doi: 10.1016/j.mjafi..11.009
28. Ou SH, Xie JZ, Zhang YL, Ni HY, Song XY. (2016) Prevalência da Infeção por Parvovírus B19 em Dadores de Sangue Chineses da Área de Xiamen. Zhongguo Shi Yan Xue Ye Xue Za Zhi [Artigo em chinês]. 24(5):1572-1576. doi: 10.7534/j.issn.1009-2137.2016.05.052.
29. Candotti D, Etiz N, Parsyan A, Allain JP; (2004) Identification and characterization of persistent human erythrovirus infection in blood donor samples vol;78(22):12169-78. DOI:10.1128/JVI.78.22.12169-12178.2004
30. Kishore J, Srivastava M, Choudhary N; (2010) Standardization of B19 IgG ELISA to study the seroepidemiology of parvovirus B19 in North Indian voluntary blood donors. Asian J Transfus Sci.;4(2):86-

90. doi: 10.4103/09736247.67022.

31. Bell LM, Naides SJ, Stoffman P, Hodinka RL, Plotkin SA. Human parvovirus B19 infection among hospital staff members after contact with infected patients. N Engl J Med. 1989;321:485e491.

32. Paton G, Pillay D, Myint S, Pattison J. Characterization of nested polymerase chain reaction assay for detection of parvovirus B19. J Clin Microbiol. 1993;31:540e546.

33. Cohen BJ, Buckley MM. The prevalence of antibody to human parvovirus B19 in England and Wales (A prevalência de anticorpos contra o parvovírus humano B19 em Inglaterra e no País de Gales). J Med Microbiol. 1988;25:151-3.

34. Azzi A, Morfini M, Mannucci PM. The transfusion-associated transmission of parvovirus B19. Transfus Med Rev. 1999;13:194-204.

35. 15. Koenigbauer UF, Eastlund T, Day JW. Clinical illness due to parvovirus B19 infection after infusion of solvent/detergent-treated pooled plasma. Transfusion. 2000;40:1203-6.

36. Al-Danani D, Abou-Donia H, Saudi M, Al-Shamahy H. Seroprevalência de parvovírus B19 IgG entre dadores de sangue em Aden, Iémen e Alexandria, Egito. Jornal de Medicina Clínica Chinesa.2008;3:173-6.

37. Letaief M, Vanham G, Boukef K, Yacoub S, Muylle L, Mertens G. Higher prevalence of parvovirus B19 in Belgian as compared to

Tunisian blood donors: differential implications for prevention of transfusional transmission. Transfus Sci. 1997;18:523-30.

38. Manaresi E, Gallinella G, Morselli Labate AM, Zucchelli P, Zaccarelli D, Ambretti S, et al. Seroprevalência de igg contra antigénios conformacionais e lineares do capsídeo do parvovírus B19 em dadores de sangue italianos. Epidemiol Infect. 2004;132:857-62.
39. Ayman K. Johargy. Seroprevalence of erythrovirus b19 Ig G among saudi blood donors in makkah, saudi arabia. J Family Community Med. 2009; 16(3): 111-114. PMCID: PMC3377043.
40. Abraham M, Rudraraju R, Kannangai R, George K, Cherian T, Daniel D, et al. A pilot study on the seroprevalence of parvovirus B19 infection. Indian J Med Res. 2002;115:139-43.
41. Alla.O.A-S. Prevalência de Ig G anti-Provovírus humano B19 entre os dadores de sangue que frequentam o laboratório nacional do banco de sangue de saúde pública. Investigação de mestrado, na Universidade Alzaiem Al-Azhari, 2016.
42. https://www.google.com/url?sa=i&rct=j&q=&esrc=s&source=images&cd=&cad=rja&uact=8&ved=&url=http%3A%2F%2Fwww.virology.wisc.edu%2Fvirusworld%2Fviruslist.php%3Fvirus%3Db19&psig=AOvVaw29QzKbMxm7d- YcqZT4sA2d&ust=1509436738049500 Imagem da primeira página

Apêndice (1)

Formulário de questionário

Universidade Nacional do Sudão Faculdade de Ciências do

Laboratório Médico

Departamento de Microbiologia Parvovírus na dádiva

Número de série: _______ Data ___/___/2017

Género: Masculino _______ Feminino _______

Idade/anos: _______

Residence:_________________

Transfusão de sangue: Sim _______ Não_______

Análise do grupo sanguíneo e do fator Rh:

O grupo sanguíneo é...............Rh (....... ve).

Teste do parvovírus:

Resultado...Por ELISA

Apêndice (2)

Fabrico de kits ELISA formulário de metodologia

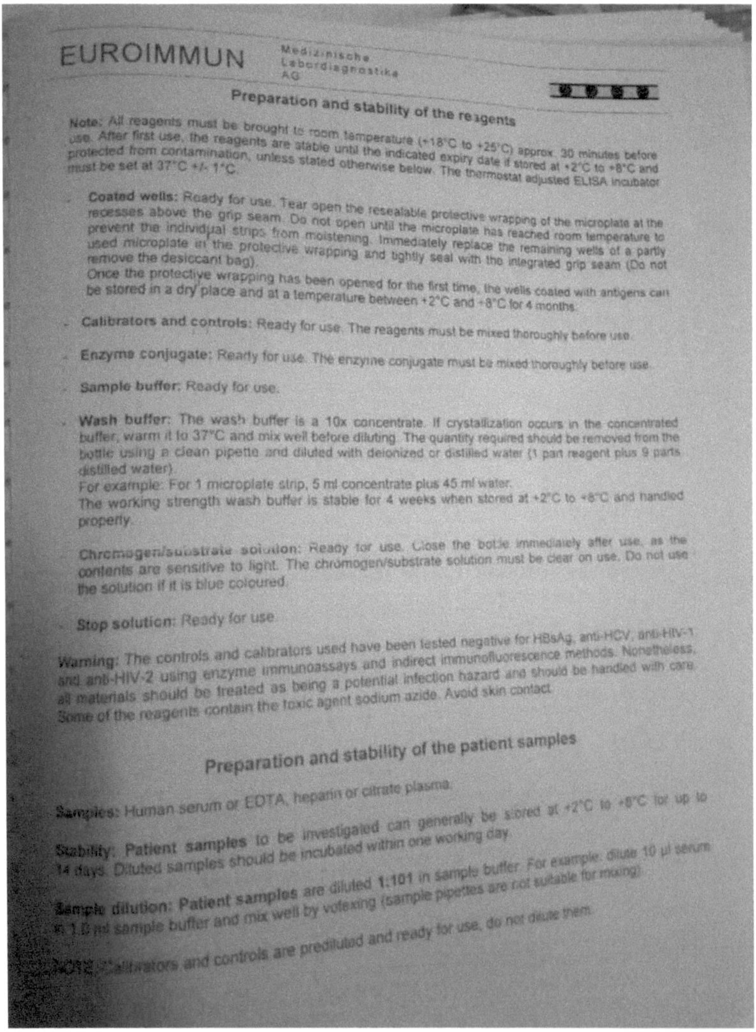

EUROIMMUN Medizinische Labordiagnostika AG

Preparation and stability of the reagents

Note: All reagents must be brought to room temperature (+18°C to +25°C) approx. 30 minutes before use. After first use, the reagents are stable until the indicated expiry date if stored at +2°C to +8°C and protected from contamination, unless stated otherwise below. The thermostat adjusted ELISA incubator must be set at 37°C +/- 1°C.

- **Coated wells:** Ready for use. Tear open the resealable protective wrapping of the microplate at the recesses above the grip seam. Do not open until the microplate has reached room temperature to prevent the individual strips from moistening. Immediately replace the remaining wells of a partly used microplate in the protective wrapping and tightly seal with the integrated grip seam (Do not remove the desiccant bag).
  Once the protective wrapping has been opened for the first time, the wells coated with antigens can be stored in a dry place and at a temperature between +2°C and +8°C for 4 months.
- **Calibrators and controls:** Ready for use. The reagents must be mixed thoroughly before use.
- **Enzyme conjugate:** Ready for use. The enzyme conjugate must be mixed thoroughly before use.
- **Sample buffer:** Ready for use.
- **Wash buffer:** The wash buffer is a 10x concentrate. If crystallization occurs in the concentrated buffer, warm it to 37°C and mix well before diluting. The quantity required should be removed from the bottle using a clean pipette and diluted with deionized or distilled water (1 part reagent plus 9 parts distilled water).
  For example: For 1 microplate strip, 5 ml concentrate plus 45 ml water.
  The working strength wash buffer is stable for 4 weeks when stored at +2°C to +8°C and handled properly.
- **Chromogen/substrate solution:** Ready for use. Close the bottle immediately after use, as the contents are sensitive to light. The chromogen/substrate solution must be clear on use. Do not use the solution if it is blue coloured.
- **Stop solution:** Ready for use.

Warning: The controls and calibrators used have been tested negative for HBsAg, anti-HCV, anti-HIV-1 and anti-HIV-2 using enzyme immunoassays and indirect immunofluorescence methods. Nonetheless, all materials should be treated as being a potential infection hazard and should be handled with care. Some of the reagents contain the toxic agent sodium azide. Avoid skin contact.

Preparation and stability of the patient samples

Samples: Human serum or EDTA, heparin or citrate plasma.

Stability: **Patient samples** to be investigated can generally be stored at +2°C to +8°C for up to 14 days. Diluted samples should be incubated within one working day.

Sample dilution: **Patient samples** are diluted **1:101** in sample buffer. For example: dilute 10 µl serum in 1.0 ml sample buffer and mix well by vortexing (sample pipettes are not suitable for mixing).

NOTE: Calibrators and controls are prediluted and ready for use, do not dilute them.

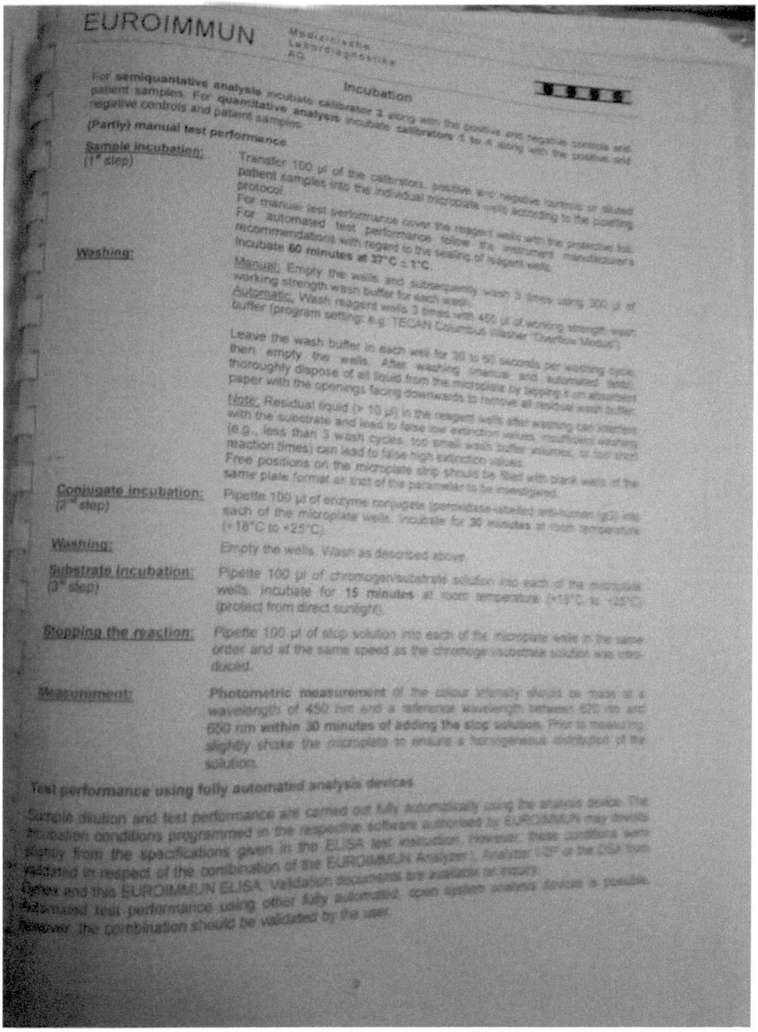

EUROIMMUN Medizinische Labordiagnostika AG

Incubation

For **semiquantative analysis** incubate **calibrator 3** along with the positive and negative controls and patient samples. For **quantitative analysis** incubate **calibrators 1 to 4** along with the positive and negative controls and patient samples.

(Partly) manual test performance

Sample incubation: (1st step)

Transfer 100 µl of the calibrators, positive and negative controls or diluted patient samples into the individual microplate wells according to the pipetting protocol.
For manual test performance cover the reagent wells with the protective foil.
For automated test performance follow the instrument manufacturer's recommendations with regard to the sealing of reagent wells.
Incubate **60 minutes at 37°C ± 1°C.**

Washing:

Manual: Empty the wells and subsequently wash 3 times using 300 µl of working strength wash buffer for each wash.
Automatic: Wash reagent wells 3 times with 450 µl of working strength wash buffer (program setting: e.g. TECAN Columbus Washer "Overflow Modus").

Leave the wash buffer in each well for 30 to 60 seconds per washing cycle, then empty the wells. After washing (manual and automated tests), thoroughly dispose of all liquid from the microplate by tapping it on absorbent paper with the openings facing downwards to remove all residual wash buffer.

Note: Residual liquid (> 10 µl) in the reagent wells after washing can interfere with the substrate and lead to false low extinction values. Insufficient washing (e.g., less than 3 wash cycles, too small wash buffer volumes, or too short reaction times) can lead to false high extinction values.
Free positions on the microplate strip should be filled with blank wells of the same plate format as that of the parameter to be investigated.

Conjugate incubation: (2nd step)

Pipette 100 µl of enzyme conjugate (peroxidase-labelled anti-human IgG) into each of the microplate wells. Incubate for **30 minutes** at room temperature (+18°C to +25°C).

Washing:

Empty the wells. Wash as described above.

Substrate incubation: (3rd step)

Pipette 100 µl of chromogen/substrate solution into each of the microplate wells. Incubate for **15 minutes** at room temperature (+18°C to +25°C) (protect from direct sunlight).

Stopping the reaction:

Pipette 100 µl of stop solution into each of the microplate wells in the same order and at the same speed as the chromogen/substrate solution was introduced.

Measurement:

Photometric measurement of the colour intensity should be made at a wavelength of 450 nm and a reference wavelength between 620 nm and 650 nm **within 30 minutes of adding the stop solution.** Prior to measuring, slightly shake the microplate to ensure a homogeneous distribution of the solution.

Test performance using fully automated analysis devices

Sample dilution and test performance are carried out fully automatically using the analysis device. The incubation conditions programmed in the respective software authorised by EUROIMMUN may deviate slightly from the specifications given in the ELISA test instruction. However, these conditions were validated in respect of the combination of the EUROIMMUN Analyzer I, Analyzer I-2P or the DSX from Dynex and this EUROIMMUN ELISA. Validation documents are available on inquiry.
Automated test performance using other fully automated, open system analysis devices is possible. However, the combination should be validated by the user.

[illegible]

Dedicação

Dedico este exemplar do livro aos meus alunos do grupo 5 de microbiologia da Universidade Nacional do Sudão, agradeço tudo o que fizeram ao longo do processo de investigação, também me deram a oportunidade e a autorização para publicar este trabalho e dediquei-me a mim próprio para tornar realidade alguns dos meus sonhos de estudante"......

MIX
Papier aus verantwortungsvollen Quellen
Paper from responsible sources
FSC® C105338

Printed by Books on Demand GmbH, Norderstedt / Germany